Les tables statistiques

Mode d'emploi

Pierre Souvay

L'auteur

Pierre SOUVAY est professeur agrégé de génie mécanique. Il a longtemps enseigné en classe de BTS Productique Mécanique et a participé à l'introduction de l'enseignement de la qualité dans les sections technologiques.

Intervenant à l'école Nationale des Technologies et des Industries du Bois (ENSTIB), il est chargé des cours relatifs à la statistique appliquée et à la maîtrise et l'amélioration de la qualité.

Il intervient régulièrement en entreprise et en particulier pour l'industrie pharmaceutique, et assure des formations à l'Institut de Formation des Industries de Santé (IFIS).

ISBN : 2-12-505029-3

AFNOR - 11, avenue Francis de Pressensé
93571 Saint Denis La Plaine Cedex - Tél. : 01 41 62 80 00

Sommaire

Introduction 5

1 Lois normales 7

2 Loi de Student 15

3 Loi du khi deux 19

4 Loi de Fisher-Snedecor 21

5 Loi binomiale 23

6 Loi de Poisson 27

7 Loi de Rayleigh 29

8 Tables statistiques 33

9 Lexique 47

10 Bibliographie 49

Introduction

Les tables statistiques rendent bien des services à l'utilisateur de l'outil statistique. Bien que l'on puisse maintenant faire appel à des logiciels informatiques pour les remplacer, il reste toujours à comprendre leur usage et les domaines d'applications.

Nous présentons quelques tables parmi les plus utilisées mais surtout, nous nous sommes attachés à en expliciter l'utilisation par des exemples simples.

Certaines formules peuvent paraître compliquées mais on peut les négliger et passer directement aux applications.

La loi normale de Laplace Gauss fait l'objet de développements plus importants que les autres. C'est aussi la plus couramment utilisée parce que la plupart des phénomènes naturels obéissent à des lois normales.

Dans de nombreux cas, on fait aussi appel à des lois normales pour réaliser des approximations, plus simples à traiter.

Si cette pratique simplifie souvent les calculs, elle a tout de même le grand défaut d'entretenir la confusion entre les lois de populations et les lois d'échantillons.

Nous signalons d'ailleurs le domaine d'usage :

- les lois de population s'appliquent à des ensembles finis de données ;
- les lois d'échantillonnage s'appliquent à des paramètres d'échantillonnage en vue de prendre des décisions relatives aux populations.

1
Lois normales

1.1 Origine

Pierre Simon de Laplace (1741-1827) est l'inventeur de la loi de Laplace Gauss ou loi normale (fin du XIXe siècle).

La loi normale est la loi qui régit les variables soumises à de nombreux facteurs dont aucun n'est prépondérant.

C'est le cas de la plupart des phénomènes naturels, d'où l'importance prise par cette loi de distribution pour traiter des problèmes techniques ou scientifiques.

La loi normale est utilisée lors de l'étude de la répartition des valeurs des variables mais elle est également exploitée pour réaliser des approximations lors d'opérations d'échantillonnage.

Nous utilisons le plus souvent le pluriel car il existe autant de lois normales que de cas possibles : moyennes différentes et écarts-types différents.

La loi normale centrée réduite a pour moyenne 0 (centrée) et pour écart-type 1 (réduite).

Le lecteur notera également que nous différencions les symboles relatifs aux moyennes, aux écarts-types et aux effectifs des populations et des échantillons comme indiqué dans le lexique situé en fin d'ouvrage.

1.2 Loi normale centrée réduite

La courbe de Gauss a la forme d'une cloche d'où son nom de « courbe en cloche ». Elle est symétrique par rapport à l'axe d'abscisse 0 (*cf.* figure 1).

$$f(u) = \frac{1}{\sqrt{2\pi}} e^{-\frac{u^2}{2}}$$

Cette loi de population, appelée « loi de Laplace Gauss » a pour expression algébrique (densité de probabilité), dans laquelle :

u = variable de la loi normale centrée réduite (unité = σ = écart-type)

e = 2,71828

π = 3,14159

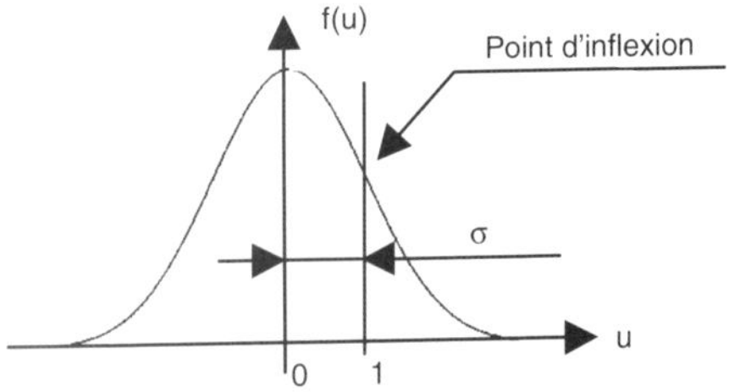

Figure 1. Loi normale centrée réduite.

1.3 Table de la fonction de répartition

L'aire sous la courbe de Gauss contient la totalité de la population, qui, par convention est égale à 1 (100 %).

On entre dans la table de la loi normale centrée réduite à l'aide de la variable u.

La table fournit F(u) = proportion d'individus situés à gauche de la valeur positive de u (P).

Lecture directe dans la table

Exemple

Prenons le schéma de la situation figurant sur la figure 2.

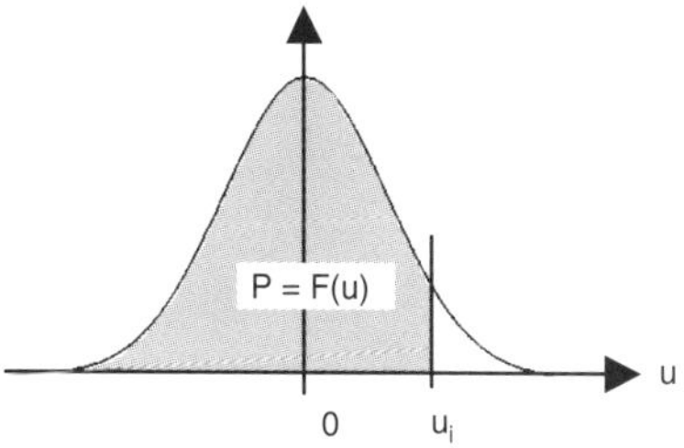

Figure 2. Répartition en fonction de u.

Relevons dans le tableau 1, un exemple de valeurs directes obtenues dans la table (*cf.* tableau 8) pour des valeurs positives de u.

Tableau 1. Valeurs lues dans la table.

u	P = F(u)
0,00	0,500
0,10	0,5398
1,00	0,8413
0,12	0,5478
1,96	0,9750
3,09	0,9990

Le tableau 8 (page 34) fournit les valeurs de P pour toutes les valeurs de u : de 0,00 à 3,09 et de 0,01 en 0,01. Les valeurs intermédiaires sont obtenues par interpolation.

Le tableau 9 (page 36) est inversé par rapport au précédent. Les valeurs de u sont fournies en fonction de P.

Valeurs de u négatives

Si la valeur de u est négative, on peut obtenir P par différence.

Exemple

Pour les valeurs négatives de u, il suffit de prendre le complément des valeurs de P, lues dans la table (*cf.* figure 3).

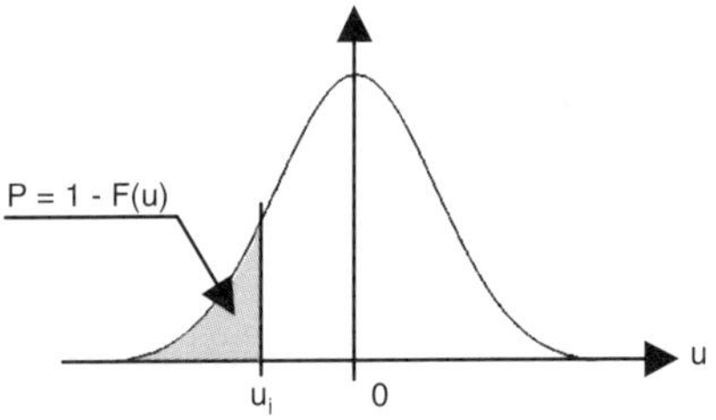

Figure 3. Répartition en fonction de u négatif.

Donnons un exemple de valeurs obtenues indirectement (*cf.* tableau 2).

Tableau 2. Valeurs obtenues.

u	F(u positif)	P = 1 – F(u)
-0,10	0,5398	0,4602
-1,00	0,8413	0,1587
-1,22	0,8888	0,1112
-1,96	0,975	0,0250
-2,75	0,9970	0,0030
-3,09	0,9990	0,0010

Par symétrie, la valeur obtenue pour les valeurs négatives de u correspond à l'effectif situé au-dessus de la même valeur de u (positif).

Formation d'un intervalle

Il est possible de déterminer P' situé entre deux bornes symétriques.

Exemple

On détermine P' contenu entre les deux valeurs symétriques de u (*cf.* figure 4).

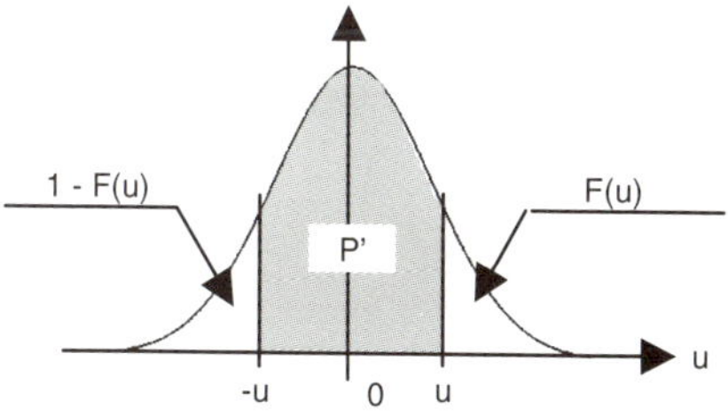

Figure 4. Répartition entre deux bornes de u.

En utilisant des valeurs de probabilité (*cf.* tableau 3).

Tableau 3. Valeurs de probabilités.

u	F(u)	2(1 – P)	P' = P – 2(1 – P)
0	0,500	1	0
1	0,8413	0,3174	0,6826
1,96	0,975	0,050	0,950
3,09	0,999	0,002	0,998

Les valeurs caractéristiques suivantes sont à retenir :

- environ 68 % des individus sont situés dans l'intervalle de $-\sigma$ à $+\sigma$ (u = – 1 à u = + 1) ;
- 95 % des individus sont situés dans l'intervalle de $-1{,}96\,\sigma$ à $+1{,}96\,\sigma$ (u – 1,96 à u = + 1,96) ;
- 99,8 % des individus sont situés dans l'intervalle de $-3{,}09\,\sigma$ à $+3{,}09\,\sigma$ (u = – 3,09 à u = + 3,09).

1.4 Application à une population

Les valeurs de P fournies par la table de la loi normale centrée réduite permettent d'estimer des proportions d'individus contenus dans des intervalles ou au-delà de limites définies.

La relation fondamentale qui permet de passer d'une loi normale quelconque à la loi normale centrée réduite est :

$$u = \frac{x_i - m}{s}$$

où :

x_i = valeur limite donnée,
m = moyenne de la population,
σ = écart-type de la population.

Note : la normalité est un pré requis pour cette application.

Exemple A

Problème posé : une distribution normale a pour moyenne $m = 25,05$ mm et pour écart-type $\sigma = 0,025$ mm. Déterminer quelle est la proportion P d'individus dont la valeur est inférieure à $x_1 = 25,09$ mm (*cf.* figure 5).

Réponse : $u_1 = (25,09 - 25,05) / 0,025 = 1,6$

D'où $P = 0,9452$

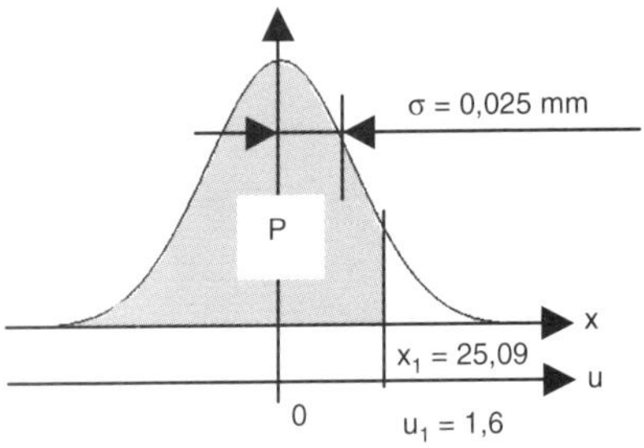

Figure 5. Illustration de la situation.

Exemple B

Problème posé : une distribution normale a pour moyenne m = 12,02 mm et pour écart-type $\sigma = 0,06$ mm. Déterminer quelle est la proportion P' d'individus conformes pour un intervalle de tolérances de 12 plus ou moins 0,15 mm (*cf.* figure 6).

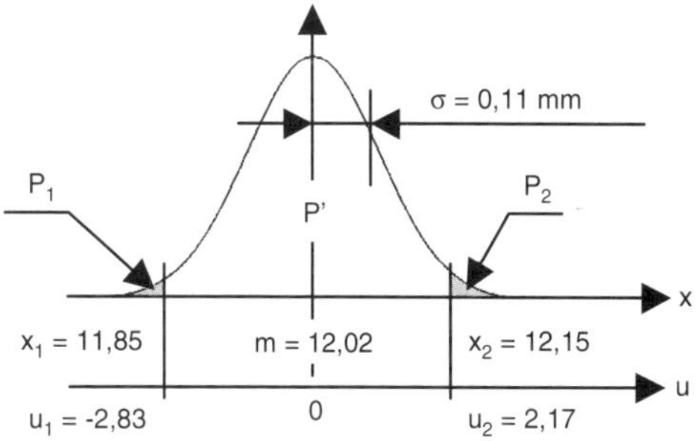

Figure 6. Illustration de la situation.

La proportion P' correspond à l'effectif total (1) diminué des proportions P_1 et P_2.

Calcul pour la limite supérieure :
$u_2 = (12,15 - 12,02) / 0,06 = 2,17$
d'où P = 0,985
$P_2 = 1 - 0,985 = 0,015$.

Calcul pour la limite inférieure :
$u_1 = (11,85 - 12,02) / 0,06 = - 2,83$
d'où P = 0,9977 pour u = 2,83
$P_1 = 1 - 0,9977 = 0,0023$.

Calcul de P' :
P' = 1 – (0,015 + 0,0023) = 0,9827
soit environ 98 %.
Le taux de produits conformes est d'environ 98 %.

1.5 Cas des moyennes d'échantillons

On montre que la population des moyennes d'échantillons obéit à une loi normale dont les caractéristiques dépendent de celles de la population et de la taille des échantillons (*cf.* figure 7).

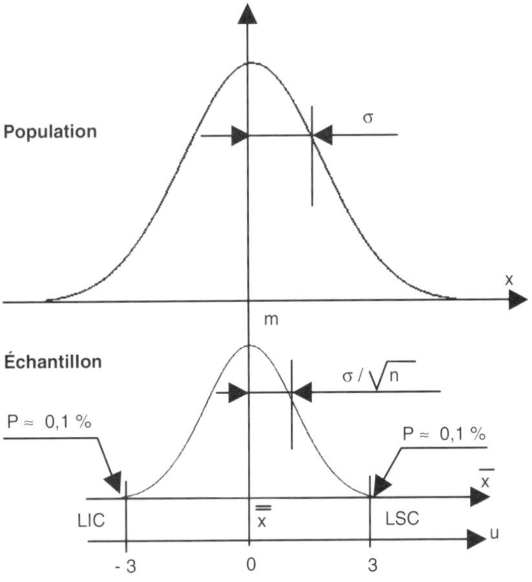

Figure 7. Distribution des moyennes d'échantillons.

La courbe supérieure concerne la distribution des individus de la population et la courbe inférieure concerne la distribution des moyennes des échantillons de taille n, prélevés dans la population.

LIC et LSC correspondent aux limites de contrôle d'une carte SPC. On constate que les moyennes varient moins que les valeurs individuelles [1].

1) Voir dans la même collection *Statistique et qualité. Principes fondamentaux.*

2
Loi de Student

2.1 Loi de Student

La loi de Student est une loi d'échantillonnage utilisée, en particulier, lors de traitements sur les moyennes. Elle est due à W.S. Gosset dit « Student » qui l'a mise au point à l'occasion de travaux pour le compte des brasseries Guinness à Dublin.

Sa représentation est une courbe symétrique semblable à une courbe de Gauss vers laquelle elle converge d'ailleurs lorsque le nombre de degrés de libertés (ν) augmente[2].

C'est une loi d'échantillonnage.

Son expression algébrique est (densité de probabilité) :

$$f(t) = \frac{\Gamma\left[\frac{\nu+1}{2}\right]}{\sqrt{\nu\pi}\,\Gamma\left[\frac{\nu}{2}\right]}\left[1+\frac{t^2}{\nu}\right]^{-\frac{\nu+1}{2}}$$

où :

Γ = fonction gamma,

t = variable de Student,

ν = nu = nombre de degrés de liberté,

π = 3,14159.

2) Voir la table de Student au tableau 10 (page 37).

2.2 Lecture de la table de Student

La table de Student se lit comme la table de la loi normale (*cf.* tableau 10, page 37), sauf qu'à chacune des lignes correspond une loi particulière, caractérisée par le nombre de degrés de liberté (ν).

Cette table fournit les valeurs positives de t pour des fractiles (P) choisis (*cf.* figure 8). Les fractiles correspondant aux valeurs de t négatives sont obtenues par symétrie.

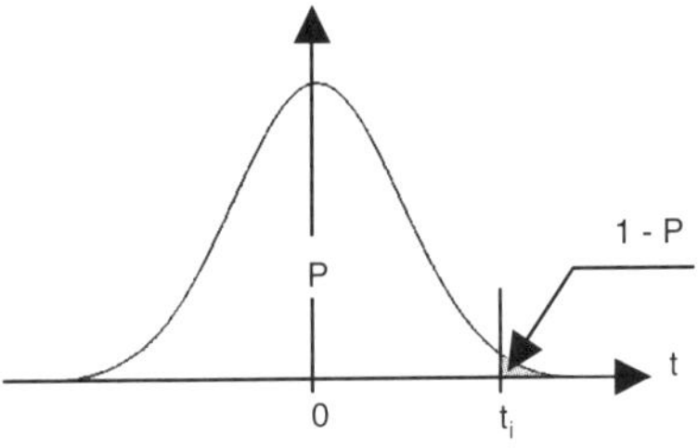

Figure 8. Fractiles d'une loi de Student.

Exemples de lecture directe

Pour une valeur de ν = 5 :

- la valeur de t correspondant à un fractile P de 0,95 est de 2,015 ;
- la valeur de t correspondant à un fractile P de 0,975 est de 2,571 ;
- la valeur de t correspondant à un fractile P de 0,999 est de 5,893.

Pour une valeur de ν = ∞, les valeurs de t correspondent aux valeurs de u de la loi normale centrée réduite : respectivement 1,645 – 1,960 – 3,090.

C'est ce qui explique que l'on puisse utiliser la loi normale en approximation de lois de Student lorsque les effectifs d'échantillons sont élevés.

C'est dans le cas de traitement des moyennes d'échantillons que l'on utilise, le plus souvent, une loi de Student.

Exemple

On a prélevé un échantillon de 6 individus dans une population (de distribution unimodale). La moyenne de cet échantillon est de 21,26 mm et son écart-type (s) est de 0,054 mm.

Déterminer l'intervalle de confiance de la moyenne vraie m avec un risque α de 0,05 (bilatéral).

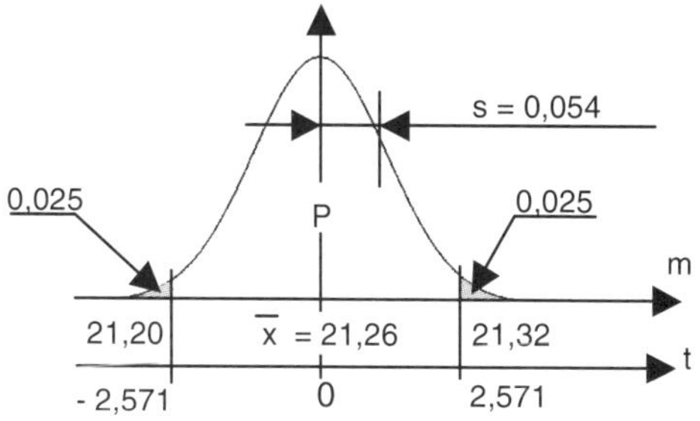

Figure 9. Illustration de la situation.

Pour n = 6, $\nu = 5$.

On prend $\nu = n - 1$ à cause de l'estimation de la moyenne dans les calculs, et t égal à 2,571 pour $\nu = 5$ et P = 0,975 (*cf.* tableau 10, page 37).

$$21{,}26 - 2{,}571\frac{0{,}054}{\sqrt{6}} \leq m \leq 21{,}26 + 2{,}571\frac{0{,}054}{\sqrt{6}}$$

$$21{,}20 \leq m \leq 21{,}32 \text{ mm}$$

La moyenne vraie m, a 95 chances sur 100 de se trouver dans cet intervalle bilatéral ($\alpha = 2 \times 0{,}025 = 0{,}05$).

3
Loi du khi deux - χ^2

3.1 Loi du khi deux

La loi du khi deux (khi carré) est une loi d'échantillonnage. Elle est utilisée, en particulier dans les tests d'adéquation (comparaison entre des fréquences observées et des fréquences théoriques), mais également lors de la comparaison de variances observées et de variances théoriques.

Son inventeur serait Abbe, en 1863. D'autres statisticiens tels que Maxwell, Boltzman, Bienaymé et Karl Pearson ont ensuite poursuivi les recherches sur cette loi et sur ses applications.

Son expression algébrique est (densité de probabilité) :

$$f(\chi^2) = \frac{1}{2^{\nu/2}\Gamma\left[\frac{\nu}{2}\right]} e^{-\frac{\chi^2}{2}} (\chi^2)^{\frac{\nu}{2}-1}$$

où :

χ^2 = variable khi deux ou khi carré,

ν = nu = nombre de degrés de liberté,

e = 2,71828,

Γ = loi gamma.

La forme de la courbe représentative varie selon le nombre de degrés de liberté ν.

3.2 Lecture de la table du khi deux

La table du khi deux se lit comme la table de la loi de Student (*cf.* tableau 11, page 38). À chacune des lignes correspond une loi particulière caractérisée par le nombre de degrés de liberté (ν).

La table fournit les valeurs positives de χ^2 pour des fractiles (P) choisis. P à gauche de χ^2 (*cf.* figure 10).

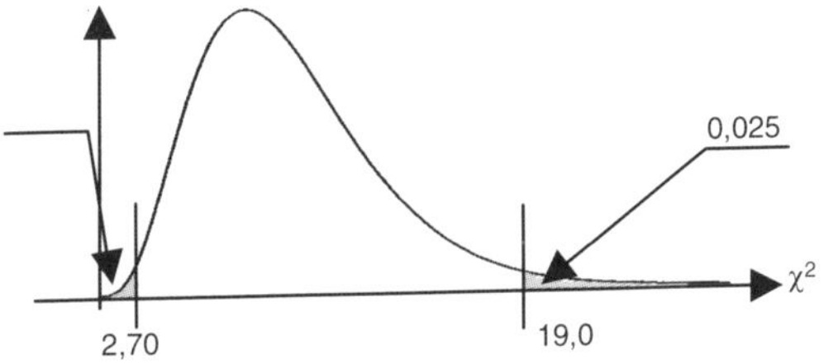

Figure 10. Valeurs de table du χ^2 pour ν = 9.

Exemple de lecture de la table

Cette lecture (*cf.* tableau 4) s'appuie sur les valeurs de P et de ν référencées dans le tableau 11.

Tableau 4. Valeurs de probabilités.

ν	P = 0,025	P = 0,975
3	0,216	9,35
5	0,831	12,8
9	2,70	19,0
29	16,0	45,7

Note : Ces deux bornes permettent de construire des intervalles de confiance à 95 % (P' = 95 % entre les deux valeurs de χ^2).

4
Loi de Fisher-Snedecor

4.1 Loi de Fisher-Snedecor

Découverte en 1925 par Ronald Aylmer Fisher (1890-1962), la loi de Fisher est une loi d'échantillonnage.

Le symbole F a été donné par Snedecor à la variable de Fisher en 1934.

Elle trouve son application dans les tests de comparaison de variances et dans des tests associés à l'analyse de la variance aux régressions simples et multiples.

Son expression algébrique est (densité de probabilité) :

$$f[F(\nu_1,\nu_2)] = \frac{\Gamma\left[\frac{\nu_1+\nu_2}{2}\right]}{\Gamma\left[\frac{\nu_1}{2}\right]\Gamma\left[\frac{\nu_2}{2}\right]}\nu_1^{\nu_1/2}\nu_2^{\nu_2/2}\frac{F^{(\nu_1-2)/2}}{(\nu_1 F+\nu_2)^{(\nu_1+\nu_2)/2}}$$

où :

ν_1 = nombre de degrés de liberté associé à la variance du numérateur,

ν_2 = nombre de degrés de liberté associé à la variance du dénominateur,

F = variable de Fisher-Snedecor,

Γ = loi gamma.

La forme de la courbe représentative varie selon les nombres de degrés de liberté ν_1 et ν_2.

4.2 Lecture des tables de Fisher-Snedecor

Il existe autant de tables que de valeurs du risque α.

Ces tables sont repérées par les valeurs de P et de $1 - P = \alpha$. Elles sont indexées sur ν_1 (numérateur) et ν_2 (dénominateur).

Les tables les plus courantes concernent les valeurs de P de 0,95, 0,975, 0,999 (*cf.* tableaux 12, 13 et 14, pages 39 à 41).

Exemple de lecture de la table P = 0,95

Cette lecture (*cf.* tableau 5) s'appuie sur les valeurs de ν_1 et de ν_2 référencées dans le tableau 12.

Tableau 5. Valeurs de probabilités.

ν_1	ν_2	**F**
1	1	161
1	6	6,61
1	10	4,96
6	10	3,22
10	10	2,98

Liaison entre la table de Student et la table de Fisher-Snedecor

Il existe une relation entre les valeurs de t de Student et de F pour $\nu_1 = 1$. Cette particularité explique que certains tests de Student sont strictement équivalents à des tests de Fisher.

Exemple de comparaison

Loi de Student : pour $\nu = 1$, $t_{(0,975)} = 2,228$.

Loi de Fisher-Snedecor : pour $\nu_1 = 1$, $\nu_2 = 10$, P = 0,95 et $F_{(0,95;1;10)} = 4,96$, soit le carré de la valeur de t ci-dessus.

5
Loi binomiale

5.1 Loi binomiale

Inventée par Jacques Bernoulli (1354-1705) la loi binomiale est une loi d'échantillonnage.

C'est une loi de probabilité qui s'applique aux variables discrètes. Son expression algébrique est :

$$C_n^k = \frac{n!}{k!(n-k)!}$$

avec :

$$P_k = C_n^k p^k (1-p)^{n-k}$$

où :

n = taille de l'échantillon,

p = proportion d'individus, dans le lot, ayant la caractéristique étudiée,

k = nombre d'individus ayant la caractéristique étudiée trouvé dans l'échantillon,

! = symbole du calcul factoriel,

P_k = probabilité de trouver k individus ayant la caractéristique étudiée dans un échantillon de taille n lorsque la proportion correspondante des individus est p.

Il existe une table par effectif d'échantillon, mais on peut établir des tables personnelles sur micro ordinateur.

Exemple de calcul factoriel

$3! = 1 \times 2 \times 3 = 6$

5.2 Lecture des tables de la loi binomiale

Les tables des probabilités individuelles fournissent directement la probabilité (P) de trouver le nombre d'individus (k) ayant la caractéristique recherchée dans un échantillon de taille n.

Les tables des probabilités cumulées fournissent la probabilité de trouver (au plus k) = c individus dans l'échantillon. $P_{\text{au plus }k}$ n'est autre que le cumul des valeurs individuelles $P_0, ..., P_k$. Par exemple $P_{\text{au plus }3}$ est égal à $P_0 + P_1 - P_2 + P_3$.

Exemple de lecture des tables

Pour n = 50 et p = 2 % (*cf.* tableaux 15 et 16, pages 42 et 43) la lecture est la suivante (*cf.* tableau 6).

Tableau 6. Valeurs de probabilités.

Individuelles			Cumulées	
k	P_k		c	$P_{\text{au plus }k}$
0	0,3642		0	0,3642
1	0,3716		1	0,7358
2	0,1858		2	0,9216
3	0,0607		3	0,9822
4	0,0145		4	0,9968
5	0,0027		5	0,9995
6	0,0004		6	0,9999
7	0,0001		7	1

On peut représenter les probabilités sous forme graphique (*cf.* figure 11).

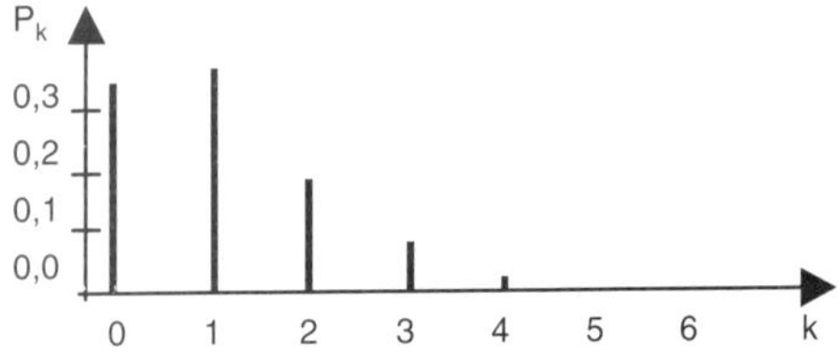

Figure 11. Représentation graphique de P_k.

5.3 Exploitation de la table $P_{\text{au plus k}}$

Les probabilités $P_{\text{au plus k}}$ permettent, en particulier de construire des courbes d'efficacité telles que celles qui figurent dans la norme NF ISO 2859-1.

Ces courbes traduisent l'efficacité théorique d'un essai statistique (ou plan de contrôle) en fonction de la qualité réelle.

Exemple de construction d'une courbe d'efficacité

Prenons l'exemple d'un plan de contrôle présenté dans la norme NF ISO 2859-1.

Choisissons le plan Lettre code H, NQA = 0,25 %, ce qui correspond à n = 50 et A = 0 (*cf.* figure 12).

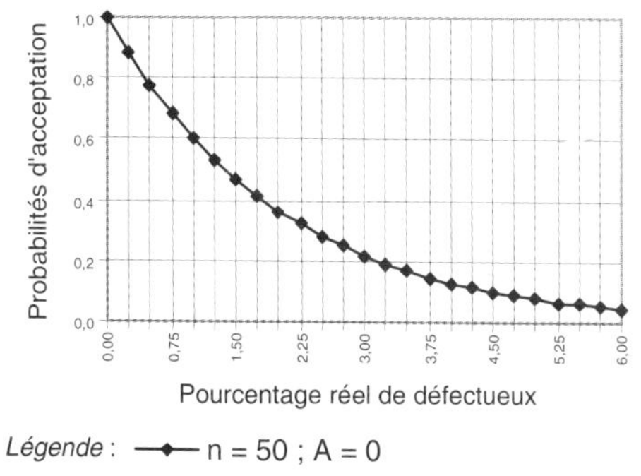

Figure 12. Courbe d'efficacité n = 50 ; A = 0.

Si le lot contrôlé suivant ce plan, contient 1 % de défectueux, la probabilité d'acceptation est de l'ordre de 60 %.

On le constate, ce plan ne garantit pas le « zéro défaut » malgré le critère d'acceptation A = 0.

6
Loi de Poisson

6.1 Loi de Poisson

Inventée par Siméon-Denis Poisson (1781-1840), la loi de Poisson est une loi d'échantillonnage.

C'est une loi de probabilité qui s'applique aux variables discrètes.

Son expression algébrique est :

$$P_k = \frac{(np)^k}{k!} e^{-np}$$

On note souvent m = np.

Avec :

n = taille de l'échantillon,

p = proportion d'individus, dans le lot, ayant la caractéristique étudiée,

k = nombre d'individus ayant la caractéristique étudiée trouvé dans l'échantillon,

e = 2,71828,

! = symbole du calcul factoriel,

P_k = probabilité de trouver k individus ayant la caractéristique étudiée dans un échantillon de taille n lorsque la proportion correspondante des individus est p.

6.2 Lecture des tables de la loi de Poisson

Les tables des probabilités individuelles fournissent directement la probabilité (P) de trouver le nombre d'individus (k) ayant la caractéristique recherchée dans un échantillon de taille n, avec m = np.

Les tables des probabilités cumulées fournissent la probabilité de trouver (au plus k) = c individus dans l'échantillon.

$P_{\text{au plus } k}$ n'est autre que le cumul des valeurs individuelles P_0, ..., P_k. Par exemple $P_{\text{au plus } 3}$ est égal à $P_0 + P_1 — P_2 + P_3$.

Exemple de lecture des tables

Le tableau 7 permet cette lecture pour m = 0,4 (*cf.* tableaux 17 et 18, pages 44 et 45).

Cette valeur de m = 0,4 peut être atteinte de plusieurs manières :

- n = 10 et p = 0,04,
- n = 50 et p = 0,008.

Tableau 7. Valeurs de probabilités.

Individuelles			Cumulées	
k	P_k		c	$P_{\text{au plus } k}$
0	0,6703		0	0,6703
1	0,2681		1	0,9384
2	0,0536		2	0,9921
3	0,0072		3	0,9992
4	0,0007		4	0,9999
5	0,0001		5	1

Comme pour la loi binomiale, on peut effectuer une représentation graphique de ces probabilités.

7
Loi de Rayleigh

7.1 Loi de Rayleigh

La loi de Rayleigh est une loi de population.

C'est une loi du χ à deux degrés de liberté.

Son expression algébrique est (densité de probabilité) :

$$f(r) = \left[2 - \frac{\pi}{2}\right] r e^{-\frac{\left[2 - \frac{\pi}{2}\right] r^2}{2}}$$

où :

r = variable réduite,

e = 2,71828,

π = 3,14159.

La valeur de r est donnée en σ_r.

La répartition d'une distribution de Rayleigh est de la forme (*cf.* figure 13) :

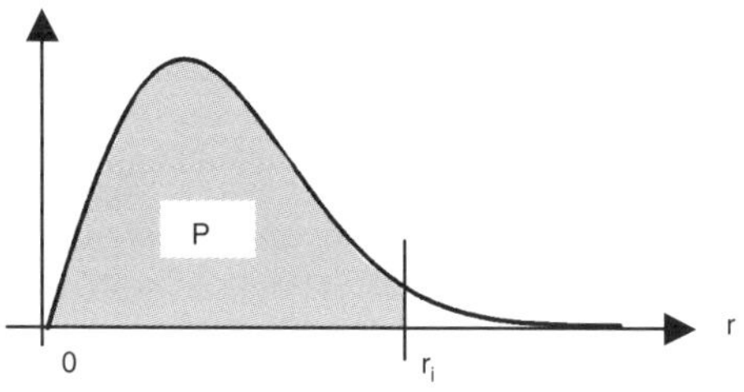

Figure 13. Loi de Rayleigh.

7.2 Contexte d'utilisation

La loi de Rayleigh est la loi de distribution des valeurs de r résultant de la projection des points (x_i et y_i) distribués suivant deux lois normales orthogonales dont les écarts-types (σ_n) sont égaux (*cf.* figure 14).

L'origine de mesure de r est située sur les moyennes des lois normales.

On rencontre ce type de distribution lors du contrôle des coaxialités, du tir sur cible, etc.

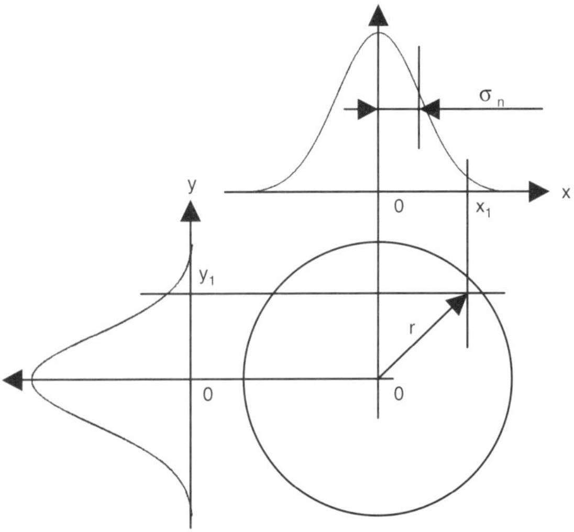

Figure 14. Contexte d'utilisation.

Les valeurs r_i sont réparties dans un cercle et suivent une loi de Rayleigh comme indiqué, précédemment, sur la figure 13.

Si les conditions ci-dessus ne sont pas réunies, on obtient une distribution dégradée.

7.3 Paramètres d'une loi de Rayleigh

Dans le contexte de la figure 14, on peut passer des paramètres des lois normales à ceux de la loi de Rayleigh résultante.

$$m_r = \sqrt{\frac{\pi}{2}}\sigma_n \text{ soit environ } 1{,}25\,\sigma_n$$

$$\sigma_r = \sqrt{2-\frac{\pi}{2}}\sigma_n \text{ soit environ } 0{,}655\,\sigma_n$$

Exemple d'exploitation de la table de Rayleigh

Soit une dimension de coaxialité dont la dispersion est parfaitement centrée sur l'origine de mesure et dont l'écart-type des lois normales est de $\sigma_n = 0{,}02$ mm.

$$\sigma_r = \sqrt{2-\frac{\pi}{2}} \times 0{,}02 = 0{,}01327 \text{ mm}$$

$$r = (0{,}07/2)/0{,}01327 = 2{,}64$$

Déterminer la proportion de pièces dont l'erreur de coaxialité est inférieure à un diamètre de tolérance de 0,07 mm.

D'où P = 0,7784 soit environ 78 % de pièces situées à l'intérieur du cercle de tolérance de diamètre 0,07 mm (*cf.* figure 15 et tableau 19, page 46).

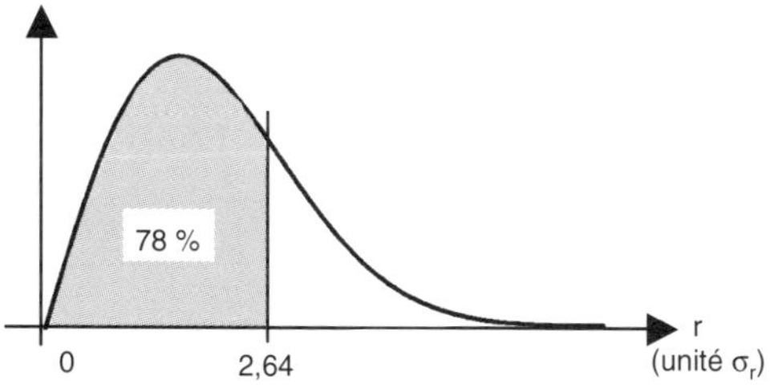

Figure 15. Répartition des valeurs mesurées.

Note : La valeur de l'écart-type σ_n peut être estimée par l'écart-type d'un échantillon s_n.

8
Tables statistiques

8.1 Constitution des tables

Les tables qui suivent constituent un échantillonnage des tables disponibles dans les ouvrages spécialisés.

Chacune d'entre elles est un extrait de valeurs choisies et le lecteur pourra se référer à des ouvrages plus complets pour disposer de tables plus complètes.

8.2 Tables présentées

Les tables présentées sont les suivantes :

- Tableaux 8 et 9 : Tables concernant la loi normale centrée réduite.
- Tableau 10 : fractiles de la loi de Student.
- Tableau 11 : fractiles de la loi du χ^2.
- Tableaux 12, 13, 14 : fractiles de la loi de Fisher-Snedecor pour P = 0,95; 0,975 et 0,99.
- Tableaux 15 et 16 : probabilités individuelles et cumulées de la loi binomiale pour n = 50.
- Tableaux 17 et 18 : probabilités individuelles et cumulées de la loi de Poisson.
- Tableau 19 : fonction de répartition de la loi de Rayleigh.

Tableau 8. Fonction de répartition de la loi normale centrée réduite : F(u).

u	0,00	0,01	0,02	0,03	0,04	0,05	0,06	0,07	0,08	0,09
0,0	0,5000	0,5040	0,5080	0,5120	0,5160	0,5199	0,5239	0,5279	0,5319	0,5359
0,1	0,5398	0,5438	0,5478	0,5517	0,5557	0,5596	0,5636	0,5675	0,5714	0,5753
0,2	0,5793	0,5832	0,5871	0,5910	0,5948	0,5987	0,6026	0,6064	0,6103	0,6141
0,3	0,6179	0,6217	0,6255	0,6293	0,6331	0,6368	0,6406	0,6443	0,6480	0,6517
0,4	0,6554	0,6591	0,6628	0,6664	0,6700	0,6736	0,6772	0,6808	0,6844	0,6879
0,5	0,6915	0,6950	0,6985	0,7019	0,7054	0,7088	0,7123	0,7157	0,7190	0,7224
0,6	0,7257	0,7291	0,7324	0,7357	0,7389	0,7422	0,7454	0,7486	0,7517	0,7549
0,7	0,7580	0,7611	0,7642	0,7673	0,7704	0,7734	0,7764	0,7794	0,7823	0,7852
0,8	0,7881	0,7910	0,7939	0,7967	0,7995	0,8023	0,8051	0,8078	0,8106	0,8133
0,9	0,8159	0,8186	0,8212	0,8238	0,8264	0,8289	0,8315	0,8340	0,8365	0,8389
1,0	0,8413	0,8438	0,8461	0,8485	0,8508	0,8531	0,8554	0,8577	0,8599	0,8621
1,1	0,8643	0,8665	0,8686	0,8708	0,8729	0,8749	0,8770	0,8790	0,8810	0,8830
1,2	0,8849	0,8869	0,8888	0,8907	0,8925	0,8944	0,8962	0,8980	0,8997	0,9015
1,3	0,9032	0,9049	0,9066	0,9082	0,9099	0,9115	0,9131	0,9147	0,9162	0,9177
1,4	0,9192	0,9207	0,9222	0,9236	0,9251	0,9265	0,9279	0,9292	0,9306	0,9319
1,5	0,9332	0,9345	0,9357	0,9370	0,9382	0,9394	0,9406	0,9418	0,9429	0,9441

1,6	0,9452	0,9463	0,9474	0,9484	0,9495	0,9505	0,9515	0,9525	0,9535	0,9545
1,7	0,9554	0,9564	0,9573	0,9582	0,9591	0,9599	0,9608	0,9616	0,9625	0,9633
1,8	0,9641	0,9649	0,9656	0,9664	0,9671	0,9678	0,9686	0,9693	0,9699	0,9706
1,9	0,9713	0,9719	0,9726	0,9732	0,9738	0,9744	0,9750	0,9756	0,9761	0,9767
2,0	0,9772	0,9778	0,9783	0,9788	0,9793	0,9798	0,9803	0,9808	0,9812	0,9817
2,1	0,9821	0,9826	0,9830	0,9834	0,9838	0,9842	0,9846	0,9850	0,9854	0,9857
2,2	0,9861	0,9864	0,9868	0,9871	0,9875	0,9878	0,9881	0,9884	0,9887	0,9890
2,3	0,9893	0,9896	0,9898	0,9901	0,9904	0,9906	0,9909	0,9911	0,9913	0,9916
2,4	0,9918	0,9920	0,9922	0,9925	0,9927	0,9929	0,9931	0,9932	0,9934	0,9936
2,5	0,9938	0,9940	0,9941	0,9943	0,9945	0,9946	0,9948	0,9949	0,9951	0,9952
2,6	0,9953	0,9955	0,9956	0,9957	0,9959	0,9960	0,9961	0,9962	0,9963	0,9964
2,7	0,9965	0,9966	0,9967	0,9968	0,9969	0,9970	0,9971	0,9972	0,9973	0,9974
2,8	0,9974	0,9975	0,9976	0,9977	0,9977	0,9978	0,9979	0,9979	0,9980	0,9981
2,9	0,9981	0,9982	0,9982	0,9983	0,9984	0,9984	0,9985	0,9985	0,9986	0,9986
3,0	0,9987	0,9987	0,9987	0,9988	0,9988	0,9989	0,9989	0,9989	0,9990	0,9990

Tableau 9. Fractiles de la loi normale centrée réduite (extrait).

P	0,000	0,001	0,002	0,003	0,004	0,005	0,006	0,007	0,008	0,009	0,010	
0,00	∞	3,0902	2,8782	2,7478	2,6521	2,5758	2,5121	2,4573	2,4089	2,3656	2,3263	**0,99**
0,01	2,3263	2,2904	2,2571	2,2262	2,1973	2,1701	2,1444	2,1201	2,0969	2,0749	2,0537	**0,98**
0,02	2,0537	2,0335	2,0141	1,9954	1,9774	1,9600	1,9431	1,9268	1,9110	1,8957	1,8808	**0,97**
0,03	1,8808	1,8663	1,8522	1,8384	1,8250	1,8119	1,7991	1,7866	1,7744	1,7624	1,7507	**0,96**
0,04	1,7507	1,7392	1,7279	1,7169	1,7060	1,6954	1,6849	1,6747	1,6646	1,6546	1,6449	**0,95**
0,05	1,6449	1,6352	1,6258	1,6164	1,6072	1,5982	1,5893	1,5805	1,5718	1,5632	1,5548	**0,94**
0,06	1,5548	1,5464	1,5382	1,5301	1,5220	1,5141	1,5063	1,4985	1,4909	1,4833	1,4758	**0,93**
0,07	1,4758	1,4684	1,4611	1,4538	1,4466	1,4395	1,4325	1,4255	1,4187	1,4118	1,4051	**0,92**
0,08	1,4051	1,3984	1,3917	1,3852	1,3787	1,3722	1,3658	1,3595	1,3532	1,3469	1,3408	**0,91**
0,09	1,3408	1,3346	1,3285	1,3225	1,3165	1,3106	1,3047	1,2988	1,2930	1,2873	1,2816	**0,90**
0,10	1,2816	1,2759	1,2702	1,2646	1,2591	1,2536	1,2481	1,2426	1,2372	1,2319	1,2265	**0,89**
0,11	1,2265	1,2212	1,2160	1,2107	1,2055	1,2004	1,1952	1,1901	1,1850	1,1800	1,1750	**0,88**
0,12	1,1750	1,1700	1,1650	1,1601	1,1552	1,1503	1,1455	1,1407	1,1359	1,1311	1,1264	**0,87**
0,13	1,1264	1,1217	1,1170	1,1123	1,1077	1,1031	1,0985	1,0939	1,0893	1,0848	1,0803	**0,86**
0,14	1,0803	1,0758	1,0714	1,0669	1,0625	1,0581	1,0537	1,0494	1,0450	1,0407	1,0364	**0,85**
0,15	1,0364	1,0322	1,0279	1,0237	1,0194	1,0152	1,0110	1,0069	1,0027	0,9986	0,9945	**0,84**
	0,010	**0,009**	**0,008**	**0,007**	**0,006**	**0,005**	**0,004**	**0,003**	**0,002**	**0,001**	**0,000**	**P**

Tableau 10. Fractiles de la loi de Student (extrait).

	0,50	0,40	0,30	0,20	0,10	0,05	0,025	0,010	0,005	0,001	0,0005	Q=1-P
ν \ P	**0,50**	**0,60**	**0,70**	**0,80**	**0,90**	**0,95**	**0,975**	**0,990**	**0,995**	**0,999**	**0,9995**	
1	0,00	0,325	0,727	1,376	3,078	6,314	12,71	31,82	63,66	318,3	636,6	
2	0,00	0,289	0,617	1,061	1,886	2,920	4,303	6,965	9,925	22,33	31,60	
3	0,00	0,277	0,584	0,978	1,638	2,353	3,182	4,541	5,841	10,22	12,94	
4	0,00	0,271	0,569	0,941	1,533	2,132	2,776	3,747	4,604	7,173	8,610	
5	0,00	0,267	0,559	0,920	1,476	2,015	2,571	3,365	4,032	5,893	6,859	
6	0,00	0,265	0,553	0,906	1,440	1,943	2,447	3,143	3,707	5,208	5,959	
7	0,00	0,263	0,549	0,896	1,415	1,895	2,365	2,998	3,499	4,785	5,405	
8	0,00	0,262	0,546	0,889	1,397	1,860	2,306	2,896	3,355	4,501	5,041	
9	0,00	0,261	0,543	0,883	1,383	1,833	2,262	2,821	3,250	4,297	4,781	
10	0,00	0,260	0,542	0,879	1,372	1,812	2,228	2,764	3,169	4,144	4,587	
20	0,00	0,257	0,533	0,860	1,325	1,725	2,086	2,528	2,845	3,552	3,850	
40	0,00	0,255	0,529	0,851	1,303	1,684	2,021	2,423	2,704	3,307	3,551	
50	0,00	0,255	0,528	0,849	1,298	1,676	2,009	2,403	2,678	3,261	3,496	
60	0,00	0,254	0,527	0,848	1,296	1,671	2,000	2,390	2,660	3,232	3,460	
80	0,00	0,254	0,527	0,846	1,292	1,664	1,990	2,374	2,639	3,195	3,415	
100	0,00	0,254	0,526	0,845	1,290	1,660	1,984	2,365	2,626	3,174	3,389	
∞	0,00	0,253	0,524	0,842	1,282	1,645	1,960	2,326	2,576	3,090	3,291	

Tableau 11. Fractiles de la loi du χ^2 (extrait).

	0,999	0,995	0,990	0,975	0,95	0,90	0,50	0,10	0,05	0,025	0,010	0,005	0,001	Q=1-P
ν \ P	**0,001**	**0,005**	**0,010**	**0,025**	**0,05**	**0,10**	**0,50**	**0,90**	**0,95**	**0,975**	**0,990**	**0,995**	**0,999**	
1	-	-	-	0,001	0,004	0,016	0,455	2,71	3,84	5,02	6,63	7,88	10,8	
2	0,002	0,010	0,020	0,051	0,103	0,211	1,39	4,61	5,99	7,38	9,21	10,6	13,8	
3	0,024	0,072	0,115	0,216	0,352	0,584	2,37	6,25	7,81	9,35	11,3	12,8	16,3	
4	0,091	0,207	0,297	0,484	0,711	1,06	3,36	7,78	9,49	11,1	13,3	14,9	18,5	
5	0,210	0,412	0,554	0,831	1,15	1,61	4,35	9,24	11,1	12,8	15,1	16,7	20,5	
6	0,381	0,676	0,872	1,24	1,64	2,20	5,35	10,6	12,6	14,4	16,8	18,5	22,5	
7	0,598	0,989	1,24	1,69	2,17	2,83	6,35	12,0	14,1	16,0	18,5	20,3	24,3	
8	0,857	1,34	1,65	2,18	2,73	3,49	7,34	13,4	15,5	17,5	20,1	22,0	26,1	
9	1,15	1,73	2,09	2,70	3,33	4,17	8,34	14,7	16,9	19,0	21,7	23,6	27,9	
10	1,48	2,16	2,56	3,25	3,94	4,87	9,34	16,0	18,3	20,5	23,2	25,2	29,6	
14	3,04	4,07	4,66	5,63	6,57	7,79	13,3	21,1	23,7	26,1	29,1	31,3	36,1	
19	5,41	6,84	7,63	8,91	10,1	11,7	18,3	27,2	30,1	32,9	36,2	38,6	43,8	
20	5,92	7,43	8,26	9,59	10,9	12,4	19,3	28,4	31,4	34,2	37,6	40,0	45,3	
29	11,0	13,1	14,3	16,0	17,7	19,8	28,3	39,1	42,6	45,7	49,6	52,3	58,3	
30	11,6	13,8	15,0	16,8	18,5	20,6	29,3	40,3	43,8	47,0	50,9	53,7	59,7	
50	24,7	28,0	29,7	32,4	34,8	37,7	49,3	63,2	67,5	71,4	76,2	79,5	86,7	
100	61,9	67,3	70,1	74,2	77,9	82,4	99,3	118,5	124,3	129,6	135,8	140,2	149,4	

Tableau 12. Fractiles de la loi de Fisher-Snedecor (F) (extrait). P = 0,95

ν_1 \ ν_2	1	2	3	4	5	6	7	8	10	12	20	40	60	∞
1	161	200	216	225	230	234	237	239	242	244	248	251	252	254
2	18,5	19,0	19,2	19,2	19,3	19,3	19,4	19,4	19,4	19,4	19,4	19,5	19,5	19,5
3	10,1	9,55	9,28	9,12	9,01	8,94	8,89	8,85	8,79	8,74	8,66	8,59	8,57	8,53
4	7,71	6,94	6,59	6,39	6,26	6,16	6,09	6,04	5,96	5,91	5,80	5,72	5,69	5,63
5	6,61	5,79	5,41	5,19	5,05	4,95	4,88	4,82	4,74	4,68	4,56	4,46	4,43	4,37
6	5,99	5,14	4,76	4,53	4,39	4,28	4,21	4,15	4,06	4,00	3,87	3,77	3,74	3,67
7	5,59	4,74	4,35	4,12	3,97	3,87	3,79	3,73	3,64	3,57	3,44	3,34	3,30	3,23
8	5,32	4,46	4,07	3,84	3,69	3,58	3,50	3,44	3,35	3,28	3,15	3,04	3,01	2,93
9	5,12	4,26	3,86	3,63	3,48	3,37	3,29	3,23	3,14	3,07	2,94	2,83	2,79	2,71
10	4,96	4,10	3,71	3,48	3,33	3,22	3,14	3,07	2,98	2,91	2,77	2,66	2,62	2,54
11	4,84	3,98	3,59	3,36	3,20	3,09	3,01	2,95	2,85	2,79	2,65	2,53	2,49	2,40
12	4,75	3,89	3,49	3,26	3,11	3,00	2,91	2,85	2,75	2,69	2,54	2,43	2,38	2,30
13	4,67	3,81	3,41	3,18	3,03	2,92	2,83	2,77	2,67	2,60	2,46	2,34	2,30	2,21
14	4,60	3,74	3,34	3,11	2,96	2,85	2,76	2,70	2,60	2,53	2,39	2,27	2,22	2,13
15	4,54	3,68	3,29	3,06	2,90	2,79	2,71	2,64	2,54	2,48	2,33	2,20	2,16	2,07
19	4,38	3,52	3,13	2,90	2,74	2,63	2,54	2,48	2,38	2,31	2,16	2,03	1,98	1,88
20	4,35	3,49	3,10	2,87	2,71	2,60	2,51	2,45	2,35	2,28	2,12	1,99	1,95	1,84
30	4,17	3,32	2,92	2,69	2,53	2,42	2,33	2,27	2,16	2,09	1,93	1,79	1,74	1,62
100	3,94	3,09	2,70	2,46	2,31	2,19	2,10	2,03	1,93	1,85	1,68	1,52	1,45	1,28
∞	3,84	3,00	2,60	2,37	2,21	2,10	2,01	1,94	1,83	1,75	1,57	1,39	1,32	1,00

Tableau 13. Fractiles de la loi de Fisher-Snedecor (F) (extrait). P = 0,975

ν_1 \ ν_2	1	2	3	4	5	6	7	8	10	12	20	40	60	∞
1	648	800	864	900	922	937	948	957	969	977	993	1006	1010	1018
2	38,5	39,0	39,2	39,2	39,3	39,3	39,4	39,4	39,4	39,4	39,4	39,5	39,5	39,5
3	17,4	16,0	15,4	15,1	14,9	14,7	14,6	14,5	14,4	14,3	14,2	14,0	14,0	13,9
4	12,2	10,6	9,98	9,60	9,36	9,20	9,07	8,98	8,84	8,75	8,56	8,41	8,36	8,26
5	10,0	8,43	7,76	7,39	7,15	6,98	6,85	6,76	6,62	6,52	6,33	6,18	6,12	6,02
6	8,81	7,26	6,60	6,23	5,99	5,82	5,70	5,60	5,46	5,37	5,17	5,01	4,96	4,85
7	8,07	6,54	5,89	5,52	5,29	5,12	4,99	4,90	4,76	4,67	4,47	4,31	4,25	4,14
8	7,57	6,06	5,42	5,05	4,82	4,65	4,53	4,43	4,30	4,20	4,00	3,84	3,78	3,67
9	7,21	5,71	5,08	4,72	4,48	4,32	4,20	4,10	3,96	3,87	3,67	3,51	3,45	3,33
10	6,94	5,46	4,83	4,47	4,24	4,07	3,95	3,85	3,72	3,62	3,42	3,26	3,20	3,08
11	6,72	5,26	4,63	4,28	4,04	3,88	3,76	3,66	3,53	3,43	3,23	3,06	3,00	2,88
12	6,55	5,10	4,47	4,12	3,89	3,73	3,61	3,51	3,37	3,28	3,07	2,91	2,85	2,72
13	6,41	4,97	4,35	4,00	3,77	3,60	3,48	3,39	3,25	3,15	2,95	2,78	2,72	2,60
14	6,30	4,86	4,24	3,89	3,66	3,50	3,38	3,29	3,15	3,05	2,84	2,67	2,61	2,49
15	6,20	4,76	4,15	3,80	3,58	3,41	3,29	3,20	3,06	2,96	2,76	2,58	2,52	2,40
19	5,92	4,51	3,90	3,56	3,33	3,17	3,05	2,96	2,82	2,72	2,51	2,33	2,27	2,13
20	5,87	4,46	3,86	3,51	3,29	3,13	3,01	2,91	2,77	2,68	2,46	2,29	2,22	2,09
30	5,57	4,18	3,59	3,25	3,03	2,87	2,75	2,65	2,51	2,41	2,20	2,01	1,94	1,79
100	5,18	3,83	3,25	2,92	2,70	2,54	2,42	2,32	2,18	2,08	1,85	1,64	1,56	1,35
∞	5,02	3,69	3,12	2,79	2,57	2,41	2,29	2,19	2,05	1,94	1,71	1,48	1,39	1,00

Tableau 14. Fractiles de la loi de Fisher Snedecor (F) (extrait). P = 0,99

ν_1 \ ν_2	1	2	3	4	5	6	7	8	10	12	20	40	60	∞
1	-	-	-	-	-	-	-	-	-	-	-	-	-	-
2	98,5	99,0	99,2	99,2	99,3	99,3	99,4	99,4	99,4	99,4	99,4	99,5	99,5	99,5
3	34,1	30,8	29,5	28,7	28,2	27,9	27,7	27,5	27,2	27,1	26,7	26,4	26,3	26,1
4	21,2	18,0	16,7	16,0	15,5	15,2	15,0	14,8	14,5	14,4	14,0	13,7	13,7	13,5
5	16,3	13,3	12,1	11,4	11,0	10,7	10,5	10,3	10,1	9,89	9,55	9,29	9,20	9,02
6	13,7	10,9	9,78	9,15	8,75	8,47	8,26	8,10	7,87	7,72	7,40	7,14	7,06	6,88
7	12,2	9,55	8,45	7,85	7,46	7,19	6,99	6,84	6,62	6,47	6,16	5,91	5,82	5,65
8	11,3	8,65	7,59	7,01	6,63	6,37	6,18	6,03	5,81	5,67	5,36	5,12	5,03	4,86
9	10,6	8,02	6,99	6,42	6,06	5,80	5,61	5,47	5,26	5,11	4,81	4,57	4,48	4,31
10	10,0	7,56	6,55	5,99	5,64	5,39	5,20	5,06	4,85	4,71	4,41	4,17	4,08	3,91
11	9,65	7,21	6,22	5,67	5,32	5,07	4,89	4,74	4,54	4,40	4,10	3,86	3,78	3,60
12	9,33	6,93	5,95	5,41	5,06	4,82	4,64	4,50	4,30	4,16	3,86	3,62	3,54	3,36
13	9,07	6,70	5,74	5,21	4,86	4,62	4,44	4,30	4,10	3,96	3,66	3,43	3,34	3,17
14	8,86	6,51	5,56	5,04	4,70	4,46	4,28	4,14	3,94	3,80	3,51	3,27	3,18	3,00
15	8,68	6,36	5,42	4,89	4,56	4,32	4,14	4,00	3,80	3,67	3,37	3,13	3,05	2,87
19	8,18	5,93	5,01	4,50	4,17	3,94	3,77	3,63	3,43	3,30	3,00	2,76	2,67	2,49
20	8,10	5,85	4,94	4,43	4,10	3,87	3,70	3,56	3,37	3,23	2,94	2,69	2,61	2,42
30	7,56	5,39	4,51	4,02	3,70	3,47	3,30	3,17	2,98	2,84	2,55	2,30	2,21	2,01
100	6,90	4,82	3,98	3,51	3,21	2,99	2,82	2,69	2,50,	2,37	2,07	1,80	1,69	1,43
∞	6,63	4,61	3,78	3,32	3,02	2,80	2,64	2,51	2,32	2,18	1,88	1,59	1,47	1,00

Tableau 15. Probabilités individuelles de la loi binomiale (extrait). n = 50

k	p = 1 %	p = 2 %	p = 3 %	p = 4 %	p =5 %	p = 6%	p = 7 %	p = 8 %	p = 9 %	p = 10 %	p = 11 %	p = 12 %	p = 13 %
0	0,6050	0,3642	0,2181	0,1299	0,0769	0,0453	0,0266	0,0155	0,0090	0,0052	0,0029	0,0017	0,0009
1	0,3056	0,3716	0,3372	0,2706	0,2025	0,1447	0,0999	0,0672	0,0443	0,0286	0,0182	0,0114	0,0071
2	0,0756	0,1858	0,2555	0,2762	0,2611	0,2262	0,1843	0,1433	0,1073	0,0779	0,0552	0,0382	0,0259
3	0,0122	0,0607	0,1264	0,1842	0,2199	0,2311	0,2219	0,1993	0,1698	0,1386	0,1091	0,0833	0,0619
4	0,0015	0,0145	0,0459	0,0902	0,1360	0,1733	0,1963	0,2037	0,1973	0,1809	0,1584	0,1334	0,1086
5	0,0001	0,0027	0,0131	0,0346	0,0658	0,1018	0,1359	0,1629	0,1795	0,1849	0,1801	0,1674	0,1493
6		0,0004	0,0030	0,0108	0,0260	0,0487	0,0767	0,1063	0,1332	0,1541	0,1670	0,1712	0,1674
7		0,0001	0,0006	0,0028	0,0086	0,0195	0,0363	0,0581	0,0828	0,1076	0,1297	0,1467	0,1572
8			0,0001	0,0006	0,0024	0,0067	0,0147	0,0271	0,0440	0,0643	0,0862	0,1075	0,1263
9				0,0001	0,0006	0,0020	0,0052	0,0110	0,0203	0,0333	0,0497	0,0684	0,0880
10					0,0001	0,0005	0,0016	0,0039	0,0082	0,0152	0,0252	0,0383	0,0539
11						0,0001	0,0004	0,0012	0,0030	0,0061	0,0113	0,0190	0,0293
12							0,0001	0,0004	0,0010	0,0022	0,0045	0,0084	0,0142
13								0,0001	0,0003	0,0007	0,0016	0,0034	0,0062
14									0,0001	0,0002	0,0005	0,0012	0,0025
15										0,0001	0,0002	0,0004	0,0009
16												0,0001	0,0003
17													0,0001

Tableau 16. Probabilités cumulées de la loi binomiale (extrait). n = 50

k	p = 1 %	p = 2 %	p = 3 %	p = 4 %	p =5 %	p = 6%	p = 7 %	p = 8 %	p = 9 %	p = 10 %	p = 11 %	p = 12 %	p = 13 %
0	0,6050	0,3642	0,2181	0,1299	0,0769	0,0453	0,0266	0,0155	0,0090	0,0052	0,0029	0,0017	0,0009
1	0,9106	0,7358	0,5553	0,4005	0,2794	0,1900	0,1265	0,0827	0,0532	0,0338	0,0212	0,0131	0,0080
2	0,9862	0,9216	0,8108	0,6767	0,5405	0,4162	0,3108	0,2260	0,1605	0,1117	0,0763	0,0513	0,0339
3	0,9984	0,9822	0,9372	0,8609	0,7604	0,6473	0,5327	0,4253	0,3303	0,2503	0,1854	0,1345	0,0958
4	0,9999	0,9968	0,9832	0,9510	0,8964	0,8206	0,7290	0,6290	0,5277	0,4312	0,3438	0,2680	0,2044
5	1	0,9995	0,9963	0,9856	0,9622	0,9224	0,8650	0,7919	0,7072	0,6161	0,5240	0,4353	0,3537
6		0,9999	0,9993	0,9964	0,9882	0,9711	0,9417	0,8981	0,8404	0,7702	0,6909	0,6065	0,5211
7		1	0,9999	0,9992	0,9968	0,9906	0,9780	0,9562	0,9232	0,8779	0,8207	0,7533	0,6783
8			1	0,9999	0,9992	0,9973	0,9927	0,9833	0,9672	0,9421	0,9068	0,8608	0,8045
9				1	0,9998	0,9993	0,9978	0,9944	0,9875	0,9755	0,9565	0,9292	0,8926
10					1	0,9998	0,9994	0,9983	0,9957	0,9906	0,9817	0,9675	0,9465
11						1	0,9999	0,9995	0,9987	0,9968	0,9931	0,9865	0,9758
12							1	0,9999	0,9996	0,9990	0,9976	0,9949	0,9900
13								1	0,9999	0,9997	0,9992	0,9982	0,9963
14									1	0,9999	0,9998	0,9994	0,9987
15										1	0,9999	0,9998	0,9996
16											1	1	0,9999
17													1

Tableau 17. Probabilités individuelles de la loi de Poisson (extrait).

k	m = 0,1	m = 0,2	m = 0,3	m = 0,4	m =0,5	m = 0,6	m = 0,7	m = 0,8	m = 0,9	m = 1	m = 1,5	m = 2	m = 2,5
0	0,9048	0,8187	0,7408	0,6703	0,6065	0,5488	0,4966	0,4493	0,4066	0,3679	0,2231	0,1353	0,0821
1	0,0905	0,1637	0,2222	0,2681	0,3033	0,3293	0,3476	0,3595	0,3659	0,3679	0,3347	0,2707	0,2052
2	0,0045	0,0164	0,0333	0,0536	0,0758	0,0988	0,1217	0,1438	0,1647	0,1839	0,2510	0,2707	0,2565
3	0,0002	0,0011	0,0033	0,0072	0,0126	0,0198	0,0284	0,0383	0,0494	0,0613	0,1255	0,1804	0,2138
4		0,0001	0,0003	0,0007	0,0016	0,0030	0,0050	0,0077	0,0111	0,0153	0,0471	0,0902	0,1336
5				0,0001	0,0002	0,0004	0,0007	0,0012	0,0020	0,0031	0,0141	0,0361	0,0668
6							0,0001	0,0002	0,0003	0,0005	0,0035	0,0120	0,0278
7										0,0001	0,0008	0,0034	0,0099
8											0,0001	0,0009	0,0031
9												0,0002	0,0009
10													0,0002

Tableau 18. Probabilités cumulées de la loi de Poisson (extrait).

c	m = 0,1	m = 0,2	m = 0,3	m = 0,4	m =0,5	m = 0,6	m = 0,7	m = 0,8	m = 0,9	m = 1	m = 1,5	m = 2	m = 2,5
0	0,9048	0,8187	0,7408	0,6703	0,6065	0,5488	0,4966	0,4493	0,4066	0,3679	0,2231	0,1353	0,0821
1	0,9953	0,9825	0,9631	0,9384	0,9098	0,8781	0,8442	0,8088	0,7725	0,7358	0,5578	0,4060	0,2873
2	0,9998	0,9989	0,9964	0,9921	0,9856	0,9769	0,9659	0,9526	0,9371	0,9197	0,8088	0,6767	0,5438
3	1	0,9999	0,9997	0,9992	0,9982	0,9966	0,9942	0,9909	0,9865	0,9810	0,9344	0,8571	0,7576
4		1	1	0,9999	0,9998	0,9996	0,9992	0,9986	0,9977	0,9963	0,9814	0,9473	0,8912
5				1	1	1	0,9999	0,9998	0,9997	0,9994	0,9955	0,9834	0,9580
6							1	1	1	0,9999	0,9991	0,9955	0,9858
7										1	0,9998	0,9989	0,9958
8											1	0,9998	0,9989
9												1	0,9997
10													0,9999
11													1

Tableau 19. Table de la fonction de répartition de la loi de Rayleigh (r en unité σ_r).
(Établie par Charles Alexandre et Pierre Souvay.)

r	0,	1,	2,	3,	4,	5,	6,
00	0,0000	0,1931	0,5762	0,8550	0,9677	0,9953	0,99956
05	0,0005	0,2107	0,5942	0,8642	0,9704	0,9958	0,99961
10	0,0021	0,2287	0,6119	0,8728	0,9729	0,9962	0,99966
15	0,0048	0,2471	0,6292	0,8811	0,9752	0,9966	0,99970
20	0,0085	0,2658	0,6461	0,8889	0,9773	0,9970	0,99974
25	0,0133	0,2849	0,6626	0,8963	0,9793	0,9973	0,99977
30	0,0191	0,3042	0,6786	0,9034	0,9811	0,9976	0,99980
35	0,0259	0,3237	0,6943	0,9100	0,9828	0,9978	0,99982
40	0,0337	0,3434	0,7095	0,9163	0,9843	0,9981	0,99985
45	0,0425	0,3631	0,7242	0,9222	0,9857	0,9983	0,99987
50	0,0522	0,3830	0,7385	0,9278	0,9870	0,9985	0,99988
55	0,0628	0,4028	0,7523	0,9331	0,9882	0,9986	0,99990
60	0,0743	0,4227	0,7656	0,9380	0,9893	0,9988	0,99991
65	0,0866	0,4425	0,7784	0,9427	0,9903	0,9989	0,99992
70	0,0998	0,4622	0,7908	0,9470	0,9913	0,9991	0,99993
75	0,1137	0,4817	0,8027	0,9511	0,9921	0,9992	0,99994
80	0,1283	0,5011	0,8141	0,9549	0,9929	0,9993	0,99995
85	0,1436	0,5202	0,8250	0,9584	0,9936	0,9994	0,99996
90	0,1596	0,5392	0,8355	0,9618	0,9942	0,9994	0,99996
95	0,1760	0,5578	0,8455	0,9648	0,9948	0,9995	0,99997

9
Lexique

Point d'inflexion : point correspondant à la transition entre une courbe convexe et une courbe concave.

σ = écart-type d'une population.

s = écart-type d'un échantillon (estimation ponctuelle de σ).

m = moyenne réelle d'une population.

x = moyenne d'un échantillon (estimation ponctuelle de $\overline{x}$).

p : proportion réelle de « défectueux ».

f : proportion estimée de « défectueux ».

k : effectif de « défectueux » constaté dans un échantillon.

N : effectif d'une population.

n : effectif d'un échantillon.

10
Bibliographie

Normes et recueil

NF X 06-020 (Novembre 1992) *Application de la statistique – Règles d'échantillonnage pour les contrôles par attributs – Procédures d'échantillonnage successif partiel.*

NF X 06-021 (Octobre 1991) *Application de la statistique – Principes du contrôle statistique de lots.*

NF ISO 2859-1 (Avril 2000) *Règles d'échantillonnage pour les contrôles par attributs – Partie 1 : Procédures d'échantillonnage pour les contrôles lot par lot, indexés d'après le niveau de qualité acceptable (NQA)* (X 06-022-1).

NF ISO 2859-4 (Mai 2000) *Règles d'échantillonnage pour les contrôles par attributs – Partie 4 : Procédures pour l'évaluation des niveaux spécifiés de qualité* (X 06-022-4).

NF X 06-023 (Décembre 1997) *Application de la statistique – Sélection de plans d'échantillonnage pour le contrôle du pourcentage d'unités non conformes par mesurage.*

NF ISO 8422 (Octobre 1993) *Plans d'échantillonnage progressif pour le contrôle par attributs* (X 06-024).

NF ISO 8423 (Octobre 1993) *Plans d'échantillonnage progressif pour le contrôle par mesures des pourcentages de non-conformes (écart-type connu)* (X 06-025).

NF X 06-026 (Juin 1987) *Contrôle par comptage de la proportion d'individus non conformes ou du nombre moyen de non-conformités par unité – Méthodes générales pour la construction d'un plan d'échantillonnage.*

NF X 06-027 (Décembre 1987) *Contrôle par mesurage de la proportion d'individus non conformes - Méthodes générales pour la construction d'un plan d'échantillonnage.*

NF X 06-028 (Juin 1987) *Contrôle par comptage du nombre d'individus non conformes, dans le cas d'un lot isolé.*

NF ISO 5725-2 : 1994 *Application de la statistique - Exactitude (justesse et fidélité) des résultats et méthodes de mesure - Partie 2 : Méthode de base pour la détermination de la répétabilité et de la reproductibilité d'une méthode de mesure normalisée* (X 06-41-2).

ISO 8258 : 1991 *Cartes de contrôle de Shewhart.*

Méthodes statistiques, nouvelle édition à paraître en 2002.

Ouvrages

Aide mémoire des techniques statistiques, Ceresta, 1991.

Statistiques et qualité. Principes fondamentaux, Pierre Souvay. Afnor, 2002.

Statistique et qualité. Applications pratiques, Pierre Souvay. Afnor, 2002.

La gestion de la qualité. Outils et applications pratiques par Kaoru Ishikawa. Traduit et adapté par Jean-Marie Douchy, Dunod, 1984.

Les fondements de la maîtrise de la qualité par Walter A. Shewhart. Traduit et présenté par Jean-Marie Gogue, Économica, 1989.